AF588951

DU CHARANÇON,

VULGAIREMENT NOMMÉ

CALANDRE

ET

MITE DES BLÉS,

OU

HISTOIRE NATURELLE

DE L'INSECTE

Qui, par sa nature, est le plus grand obstacle aux Approvisionnements de réserve, à la vente des Grains et à la conservation des Farines;

PAR M. CHENEST,

Ancien pépiniériste, conservateur des Blés de l'État.

Mon ouvrage est petit, mais son objet est grand.
In tenui labor, at tenuis non gloria.
(VIRG. *Géorg.*, l. IV.)

2e ÉDITION.

PARIS.

CHEZ MADAME HUZARD, LIBRAIRE, RUE DE L'ÉPERON, 7;
ET CHEZ L'AUTEUR, PLACE DE LA MADELEINE, 32 bis.

1838.

IMPRIMERIE DE Mme HUZARD (NÉE VALLAT LA CHAPELLE),
rue de l'Éperon, 7.

PRÉFACE.

Un des Naturalistes le plus digne de confiance (1), en parlant du CHARANÇON, autrement appelé CALANDRE, et en latin *Curculio granarius*, a dit : « Si quelqu'un possédait le précieux secret » de garantir les *blés* de ces insectes destructeurs, » dans les greniers de constructions ordinaires, » l'amour de l'humanité devrait l'engager à le di- » vulguer. »

C'est pénétré de l'utilité de ce vœu tout philanthropique que, depuis nombre d'années, je me suis occupé de mettre en pratique la découverte que j'ai faite d'un procédé capable d'opérer ce bienfait dans le produit de nos moissons.

Les expériences que j'en ai faites, et dont il a été dressé des procès-verbaux par les autorités compétentes, ont réussi de manière à confondre les doutes irréfléchis, ou peut-être intéressés, de certains hommes aux lumières desquels je me plais, au surplus, à rendre hommage.

C'est donc animé par l'heureux résultat de ces expériences multipliées que j'ai demandé au Gouvernement à être encouragé dans les moyens de faire profiter l'agriculture de ce préservatif pour nos récoltes.

Je n'ai pas craint de soumettre le résultat de mes recherches et de mes travaux à l'examen sévère des savants spécialement livrés à l'étude de l'histoire naturelle. Pendant plusieurs années, *la*

(1) M. Valmont de Bomare.

Société Royale et Centrale d'Agriculture en a fait un des principaux objets de ses méditations; elle a nommé, à deux époques différentes, des Commissaires pour assister à mes expériences, et deux rapports lui en ont été faits, les 16 novembre 1816 et 31 mars 1819. Dans l'un et l'autre de ces rapports, il a été reconnu que de tous les moyens employés pour la destruction du *Charançon, mon procédé était celui qui méritait incontestablement la préférence*.

J'ai renouvelé mes expériences dans la ferme du Domaine Royal de *Rambouillet*, et le succès le plus complet a de nouveau couronné mes travaux.

Dans le département de la Seine-Inférieure, l'utilité et l'efficacité de mon procédé ont été également reconnues; et sur la preuve que j'en ai produite à M. le Préfet de ce Département, cet administrateur s'est empressé de faire connaître à S. Exc. le Ministre de l'Intérieur, les vues que je lui avais communiquées, pour *appliquer mon procédé à la presque totalité des récoltes de ce Département* (2).

Comme on le voit, avant de me rendre au vœu du savant Naturaliste que j'ai cité en commençant, j'ai voulu prouver que si, jusqu'à présent, tous les moyens proposés pour garantir les *blés* des *Charançons* ont été insuffisants ou impraticables, le mien devait cependant inspirer confiance et mériter encouragement.

De l'évidence naît ordinairement la conviction :

---

(1) Ce fait est constaté par une lettre que m'a écrite M. le baron de VANSSAY, Préfet du Département de la Seine-Inférieure, le 26 mars 1821.

or, la prouver, par pièces authentiques, aux propriétaires qui font valoir, aux fermiers et à tous les cultivateurs, c'est leur démontrer qu'il est du plus grand intérêt pour eux de recourir à la nouvelle ressource que leur offre mon procédé, dont l'exécution est simple, prompte, sûre et efficace. En l'employant, ils verront non seulement détruire la race existante des Charançons, mais ils seront encore assurés de prévenir le retour de ces insectes malfaisants. C'est ainsi qu'ils pourront augmenter la prospérité de leurs établissements, par la conservation de leurs récoltes, moyen si légitime et si honorable de s'enrichir, et qu'ils n'auront plus à craindre les funestes dangers de l'emploi du feu et de la combustion des pailles, pour se délivrer de ces insectes *granivores* d'autant plus cruels que leur reproduction se renouvelle de la manière la plus effrayante.

Enfin, à cet avantage si précieux de conserver leurs *blés*, ils joindront encore celui d'avoir des fourrages sains et délivrés de l'infection dont les atteint le séjour des Charançons dans les granges qui renferment cette autre espèce de récoltes. De ce nouveau moyen de salubrité pour les fourrages, résultera nécessairement encore pour ces propriétaires, ces fermiers et ces cultivateurs, une plus grande sécurité sur leurs bestiaux qui, nourris quelquefois avec les fourrages employés à la destruction des Charançons, en contractent le plus souvent des maladies dangereuses.

C'est donc vivement animé du désir de faire profiter mon pays du fruit de mes recherches et de mes travaux que j'en publie le résultat, en livrant à l'impression l'*Histoire naturelle de la Calandre*.

Les détails dans lesquels je suis entré sur la

naissance, l'éducation, les mœurs, les habitudes et les ravages des Charançons exciteront peut-être la critique de certaines personnes ardentes à tout blâmer, lorsque leur esprit spéculatif peut être contrarié; mais je répondrai d'avance que leurs objections ne sauront m'atteindre, s'ils ne les fortifient pas de la preuve d'observations faites aussi longtemps, avec la même exactitude et la même persévérance que les miennes.

C'est la loupe à la main que j'ai observé ; c'est après m'être convaincu que, jusqu'à présent, il n'a point été donné une connaissance suffisante et assez détaillée des *Charançons*, que je me suis déterminé à publier mes observations sur ce genre d'insecte. Je crois donc avoir droit à l'indulgence du lecteur pour la simplicité de mon style, et mériter, par la réussite des nombreux essais de mon procédé, la confiance de tout Français vraiment pénétré de l'amour de son pays, et animé du désir de contribuer à la prospérité publique.

HISTOIRE NATURELLE

DE LA CALANDRE.

Les naturalistes désignent sous le nom de Calandre une multitude de coléoptères qui s'attachent à diverses sortes de grains, d'arbres et de plantes, et qui diffèrent plus ou moins, entre eux, par leur taille, leur forme, leurs couleurs, leurs mœurs et leurs habitudes.

Je ne me propose point de traiter dans ce mémoire de toutes ces espèces de Calandres; je n'entends parler que de celle qui, plus généralement répandue que les autres, est le fléau de l'agriculture et du commerce des grains, et le plus grand obstacle aux approvisionnements de réserve, par les ravages qu'elle exerce dans le froment, le seigle, l'orge et le riz dont elle fait sa pâture.

Trente ans passés à étudier les insectes nuisibles en général; dix ans au moins d'expériences consacrées à la recherche d'un procédé destructif de celui qui fut jusqu'à ce jour l'ennemi le plus dangereux des moissons; les effets de ce procédé suivis pendant plusieurs années par deux commissions successives de la Société royale et centrale d'Agriculture, composées des savants les plus recommandables ; leur rapport à cette Société, portant qu'il *leur a paru ne laisser rien à désirer ;* l'arrêté du 31 mars 1819, par lequel elle a sanctionné ce rapport ; la circulaire du Ministre de l'Intérieur, en date du 6 mai suivant, qui recommande à MM. les préfets l'emploi et la propagation de cette découverte ; tous ces titres m'ont paru des droits suffisants à publier le résultat de mes observations, et à répandre sur l'Histoire naturelle de la Calandre des céréales un nouveau jour qui dissipe les erreurs *où sont tombés, à son égard, la plupart des naturalistes.*

Le Charançon, ou Calandre (*Curculio*), connu encore, suivant la diversité des pays, sous les noms de Charançon, de *Calandre, Chatte peleuse, Cosson,* Ips, Mite, *Pou de blé,* etc., etc., est, dans son état d'insecte parfait, un petit coléoptère d'un brun plus ou moins foncé, quelquefois noirâtre, long de deux ou trois lignes, y compris la trompe aiguë dont il est armé, et qu'accompagnent, *en formant avec elle deux antennes dont la base est à son milieu, où elle se détache pour se diriger à droite et à gauche,* deux antennes, au dessous desquelles sont placés deux petits yeux durs et saillants. Cette trompe, susceptible de recevoir plusieurs directions, semble, outre ses principaux usages qui sont de percer et corroder les grains, destinée à sonder le terrain que parcourt l'insecte, à l'avertir des obstacles qu'il pourrait rencontrer sur sa route, et à lui frayer un passage. Composé de trois parties distinctes, la tête, le corselet et l'abdomen, il est porté sur six pattes séparées en deux crochets. Les deux antérieures sont attachées au corselet, les quatre autres à l'abdomen. La partie supérieure de l'abdomen ou le dos est garni de deux élytres communément soudées ensemble.

Vif, continuellement en mouvement pendant le printemps, l'été et l'automne, le Charançon n'est pas plus exempt que les autres coléoptères de s'engourdir aux premiers froids, quand les grains dont il tire sa nourriture viennent à lui manquer. Il demeure alors tout l'hiver dans cet état de torpeur. Si cependant la température devient douce, il se réveille. Il aime la chaleur, qu'il recherche et qu'il supporte jusqu'à soixante-dix degrés et plus. Comme si son instinct l'avertissait qu'il est nuisible, et qu'il a des ennemis intéressés à le détruire, il fuit habituellement la lumière, se cache dans les fissures des murailles, dans les trous des autres insectes; et si, se croyant menacé ou poursuivi, il n'a point le temps de s'y réfugier, il se tapit contre les inégalités du sol ou des boiseries qui tranchent le moins avec sa couleur. Quand ces ressources lui manquent, pour tromper ou désarmer la haine, il contrefait le mort, persuadé sans doute qu'elle ne s'acharnera pas sur un cadavre.

Naissant, pour ainsi dire, en société, attendu la

multiplicité des insectes de son espèce qui naissent avec lui, le Charançon conserve le goût de vivre en société, non pas, toutefois, à la manière des abeilles et des fourmis, dont toute l'existence semble consacrée à l'utilité des communautés dont elles font partie ; il s'isole, au contraire, pour chercher sa subsistance ou pour la dévorer ; et si plusieurs se trouvent réunis autour d'une même proie, l'égoïsme seul produit cette réunion que rompt, l'instant d'après, le caprice ou l'intérêt de l'individu. Répandus sur les grains que souvent ils égalent, que parfois ils surpassent en nombre, chacun de ces insectes n'y songe qu'à soi ; mais quand le froid se fait sentir, ils se rassemblent pour opposer une plus grande masse de chaleur à ses atteintes. C'est ainsi que pendant les gelées on les trouve dans les trous des maçonneries ou des bois vermoulus, engourdis par milliers, entassés les uns sur les autres. Quand la disette succède à l'abondance, ils se rassemblent encore pour échapper à ce fléau, et pour fuir le danger, au premier signe qui les menace. Alors ils marchent en colonnes : c'est une armée qui, après avoir épuisé les ressources d'un pays, se retire en bon ordre devant l'ennemi qui la poursuit en forces.

La disette, cependant, n'est pas toujours pour le Charançon une raison d'abandonner ses retraites. Dans l'intervalle qui s'écoule entre le temps où les granges sont vides et celui où elles se remplissent par l'introduction d'une récolte nouvelle, il se fait une ressource des grains échappés de leurs balles. La paille même des *soutraits* suffit à son appétit, qu'il modère, dans l'espérance rarement illusoire que l'homme, qu'il semble regarder comme son pourvoyeur, lui rapportera bientôt de quoi le satisfaire dans toute sa sensualité, dans toute son étendue. Souvent, à la vérité, ce calcul s'est trouvé faux, et le cultivateur, averti par ses pertes des années précédentes, a cru devoir, en serrant ailleurs ses moissons, tromper l'avidité de ces hôtes incommodes. L'insecte, toutefois patient dans son abstinence, n'a point quitté le théâtre de ses premiers ravages et de ceux auxquels il se sent destiné. Pourvu d'une longévité qui, selon les circonstances, se prolonge jusqu'à trois ou quatre ans dans son état parfait, on l'a vu quelquefois l'épuiser à attendre les grains dont il s'est vu privé, et si la génération primitive, trouvant la mort à la fin du cercle d'existence qu'elle avait à parcourir, n'a pu recueillir le fruit de cette attente, celles qui, moins éloignées du point de départ, s'approchent pourtant insensiblement du terme, celles qui ne font qu'entrer dans la carrière, ne manquent presque jamais d'en profiter ; et le laboureur qui croyait avoir détruit ses ennemis par la famine, en voyant leurs légions aussi nombreuses, aussi terribles qu'au paravant, déconcerté de l'inutilité de ses précautions, est réduit à ne pouvoir que leur disputer ce qu'il s'était flatté de leur ravir.

L'espèce de société formée par le Charançon pour la fuite se reproduit dans sa marche pour l'attaque. C'est en colonnes serrées que celui qui est naturalisé dans les granges monte le long des tuyaux des épis pour se loger dans les grains; c'est en colonnes que celui qui habite accidentellement les champs, abandonne, peu de temps après, la floraison des blés, les jachères où il était amoncelé par essaims, pour se répandre dans les grains encore tendres; c'est en rondes enfin que, chassé des greniers par le crible et le balai perturbateurs, il y remonte à l'aide des murailles. Dans ces diverses manœuvres, toujours prescrites par l'instinct ou la nécessité plutôt que par le goût ou par le choix de cet insecte, naturellement casanier, l'égoïsme semble céder à l'amour de la famille. Des milliers de petites Calandres, jetées pêle-mêle, avec les auteurs de leurs jours, dans la poussière et les criblures, périraient loin du domicile natal dont elles ne pourraient retrouver la route : elles y sont rapportées par les adultes, cramponnées sur leur dos, sur leurs pattes, sur leurs élytres, sans que celles-ci semblent s'apercevoir du poids qu'elles portent, sans que leur course en soit ralentie (1).

(1) Observations faites à l'établissement rural et royal de Rambouillet, lors des expériences en juin et juillet 1820 et 1821.

C'est surtout vers la fin de juillet, et lorsque, après avoir vidé les granges, on en a dispersé les balayures, qu'on peut observer, dans ce manége, la sollicitude du Charançon pour la conservation de sa progéniture. Dispensé de tous autres soins envers ses petits auxquels la nature a départi la faculté de pourvoir, dès en naissant, à leur subsistance, il s'acquitte de celui-ci avec une attention poussée jusqu'au scrupule; car, tandis que la tête de la colonne, déjà rentrée dans son asile, y brave un péril qui ne peut plus l'atteindre, des explorateurs zélés parcourent au loin le champ du désastre. Il est aisé de juger, à la précipitation de leur marche et à l'irrégularité des routes qu'ils suivent, de l'inquiétude qui les tourmente. Ce sont, mais avec le sentiment d'un intérêt plus tendre, des gendarmes qui rassemblent les traîneurs, des infirmiers d'ambulance qui recherchent les blessés et qui, rentrant au camp presque isolés, ont le bonheur d'y ramener un petit nombre d'individus qui, sans leur dévouement, allaient périr sous les coups des ennemis, ou victimes de leur propre faiblesse et d'une misère inévitable (1).

Citoyen aborigène des granges et des greniers, c'est par des circonstances indépendantes de son

---

(1) Expérience faite à la ferme royale, les 10 et 19 juillet 1820 et 1821.

instinct et de sa volonté que le Charançon se trouve transporté dans les campagnes, d'où, ramené comme d'une terre d'exil, il revient, riche des provisions de la récolte nouvelle, habiter la patrie qui fut la sienne, ou du moins celle de ses aïeux. On s'étonnerait à tort de le rencontrer loin de ses demeures de prédilection. Les vents, que la nature a chargés de disséminer les graines des plantes, ont aussi reçu d'elle la mission de charrier les germes des insectes. Les insectes eux-mêmes, enlevés des lieux qui les virent naître, sont souvent répandus par les vents sur des contrées qu'en sépare un immense intervalle. Dans un de ces moments d'alarmes où le laboureur, désespéré de ses pertes, rejette, avec les tristes débris de leur voracité, les odieux parasites qui les lui causent; tandis qu'étourdis de leur chute, ils balancent sur la route qu'ils vont prendre; si, venant à souffler, le vent rase la terre en tournoyant, il balaie avec la poussière les Charançons épars, pères, enfants, tout est enveloppé dans le tourbillon. Élevés dans les airs, un courant les rencontre, les pousse, et bientôt perd sa force. Entraînés alors par leur poids, que rien ne balance plus, ils tombent, et la plaine s'étonne de se voir peuplée d'habitants qu'elle n'a pas produits.

La moindre précaution préviendrait cette émigration funeste, en ce qu'elle soustrait pour un temps un ennemi dangereux à la main qui n'avait qu'à s'ouvrir pour le détruire; mais, complice des vents, le cultivateur inexpérimenté semble seconder ces agents de la nature dans les soins qu'elle leur imposa pour en perpétuer l'espèce. Ces criblures, ces balayures des granges et des greniers, qu'une main imprévoyante livre aux volailles, à la porte même de ces magasins, répand sur les fumiers, transporte sur les jachères ces pailles qui ont servi de soutrait, et dont une économie mal entendue conseille de faire de la litière au lieu d'en faire de la cendre, toutes ces matières sont autant de véhicules à l'aide desquels le Charançon se trouve transplanté des fermes dont il est originaire dans les campagnes où il est étranger.

Granivore par goût et par sa destination spéciale, la Calandre ne laisse pas que de s'accommoder, en cas de nécessité, de toutes les substances qui se trouvent à sa portée. J'ai dit qu'en attendant l'introduction des blés nouveaux, elle se contentait de la paille des soutraits; j'ajouterai que les plantes aromatiques, souvent employées par l'erreur qui leur attribue la vertu de la chasser ou de la faire périr, lui conviennent infiniment mieux, parce qu'elles lui fournissent une nourriture beaucoup plus substantielle. On s'est imaginé que des foins tassés dans une grange, en l'absence des blés, quelquefois pendant plusieurs années successives, la forçaient de déguerpir. Qu'en est-il résulté? Rongés par l'insecte, ou desséchés par la chaleur qu'y produisirent et son séjour et ses émanations corrosives, ces foins sont devenus cassants, susceptibles de se réduire facilement en poussière, inutiles enfin pour la subsistance des bestiaux, dangereux même pour leur santé et pour leur vie (ainsi que j'aurai lieu de l'établir par la suite); tandis que, vigoureux, alerte, brillant de l'éclat de la santé, l'ennemi dont on a prétendu se débarrasser semble avoir acquis, par l'usage qu'il a fait d'aliments inaccoutumés, plus d'appétit pour ceux qui devaient être sa pâture habituelle.

Si la Calandre, dans son état d'insecte parfait, s'arrange, à défaut de grains, de toutes autres substances végétales; si ses générations encore jeunes, obligées de suivre son sort, se conforment aux goûts que la nécessité lui impose, moins scrupuleuses et bien plus avides, elles s'en font qui leur sont particulières, et dont les animaux eux-mêmes deviennent les victimes. Enlevées avec les foins ou les pailles qu'on dépose dans les râteliers, la moindre secousse suffit pour les faire tomber sur les bestiaux. Nichées dans la crinière des chevaux, dans le poil des bœufs et des vaches, dans la laine des moutons, elles se repaissent de leur sang. Je traiterai plus loin des maux qu'elles leur causent, des graves inconvénients qui en résultent, ainsi que des dégénérescences que subit l'insecte par suite des contrariétés qu'il a éprouvées dans ses habitudes et dans sa manière de vivre.

Les volailles ne sont pas plus exemptes que les bestiaux des attaques des jeunes Charançons. Tandis qu'elles avalent indistinctement et les criblures et l'insecte à l'état parfait que le batteur a rejetés des granges, la génération nouvelle qui échappe, soit à leur vue, soit à leur avidité, à raison de la petitesse des individus dont elle se compose, se groupe autour de leurs plumes, s'y loge et se nourrit de leur substance.

Ce que j'ai dit des attaques des jeunes Calandres contre les volailles s'applique également aux pigeons, qui partagent avec elles les criblures qu'on leur abandonne ou qu'on leur porte. Les colombiers dans lesquels ces insectes importuns arrivent avec ces oiseaux, ou bien dans les grains destinés à leur nourriture, leur offrent un asile qui leur convient infiniment, sous le double rapport de la chaleur qu'ils aiment, et de la subsistance abondante qu'ils y trouvent, et pour laquelle ils abandonnent la proie vivante à laquelle ils s'étaient provisoirement attachés. Ils y vivent, ils y pullulent, ils y subissent leur métamorphose.

La locomotion des divers animaux sujets à recueillir la Calandre conspire, avec les autres causes que j'ai indiquées, à en peupler les champs, à en empoisonner tous les grains, toutes les plantes, tous les arbres qui n'ont point leur *Curculio* particulier. Il semblerait que ces espèces dévastatrices usent entre elles de procédés réciproques, et que,

2

par un traité qui n'est jamais violé, elles soient convenues de ne point empiéter sur le domaine les unes des autres. Ainsi l'on ne voit point la Calandre du froment, du seigle, etc., se loger, sans une urgente nécessité, dans l'avoine, les pois, la vesce, la lentille, etc.; ni celle de ces derniers grains, attaquer ceux qu'elle affectionne, tandis que toutes, lorsqu'elles sont arrachées à leurs habitudes, se naturalisent sur le point où elles se trouvent, vivent en familles séparées, sur la plante où elles s'accrochent, jusqu'à ce qu'une circonstance favorable rende chacune d'elles à leur destination primitive.

L'observation suivante servira à confirmer ce que j'ai avancé touchant la longévité de la Calandre, et les différentes manières dont elle passe des fermes dans les champs.

En 1813, occupé de mes recherches et faisant déjà l'essai de mon procédé destructif, je séjournai pendant quelque temps dans la commune d'Auverneaux, département de Seine-et-Marne. Un vigneron qui aimait à m'entendre parler de la Calandre, et qui avait eu l'occasion de considérer celles que, pour mes expériences, je tenais renfermées dans un bocal de verre blanc, vint me chercher un jour du mois de juillet, et me conduisit dans ses vignes. Sur un cep déjà vieux, il me fit remarquer une multitude d'insectes, qu'au premier aspect je méconnus à cause de leur robe moins foncée, et que je crus particuliers à l'arbuste, peut-être à raison du sol où il était planté. Tout entier à mon objet, et ne me souciant pas, pour l'instant, d'observations qui lui fussent étrangères, je voulais passer outre, lorsque mon vigneron m'arrêtant m'engagea à examiner plus attentivement ce qu'il s'étonnait de me voir dédaigner. Portant alors la loupe sur le cep et sur les branches, je reconnus un véritable essaim de Calandres, vieilles et jeunes, absolument semblables pour la forme à celles du froment, et pour la couleur à celles qui, privées de leurs aliments naturels, ont vécu dans les foins. Tandis que je recherchais la cause qui pouvait les avoir amenées sur ce cep, le seul de tout le champ où il en existât, retournant la terre au moyen d'une houe qu'il avait à la main, mon vigneron découvrit à mes yeux quelques poignées de menue paille qu'il avait apportée l'hiver précédent, afin de réchauffer, disait-il, ce cep qui avait souffert, et qu'il ne s'était pas soucié de fumer pour ne pas détériorer la qualité de son raisin. Nous comprîmes tous deux alors que le Charançon était venu dans la paille; mais, désirant m'assurer de ce qu'il deviendrait, j'engageai mon co-observateur à veiller à ce qu'il ne fût pas dérangé. Revenu l'année suivante, à peu près dans la même saison, je revis un essaim d'une composition semblable au premier; mais il était plus nombreux. La troisième année, le nombre avait encore augmenté. La quatrième, je ne retournai pas dans le pays; mais, ayant eu l'occasion de revoir le vigneron un an après, il m'assura qu'au dernier printemps rien n'avait reparu.

J'avouerai que mes recherches particulières ne m'ont point conduit à remarquer que le Charançon vécùt au delà de trois ans à l'état d'insecte parfait. J'en ai conservé pendant cette période, à la fin de laquelle les grains dont je les avais nourris avaient été perforés, vidés, corrodés en tous sens. Des soins plus pressants, ceux que vint m'imposer l'emploi de mon procédé destructif, dont la connaissance commençait à se répandre, m'ont privé de pousser plus loin mes observations à cet égard.

La Calandre du riz est la même que celle du blé, du seigle et de l'orge; seulement elle est plus petite. Celle du riz de Piémont est aussi pourvue d'élytres communément soudées ensemble. Celle du riz de la Caroline et des îles, plus vivace encore et plus avide que les autres, ouvre ses élytres et vole, portée par des ailes membraneuses. Ces deux espèces s'arrangent à merveille du froment, du seigle, de l'orge dans lesquels elles font, la dernière surtout, d'autant plus de ravages que, munies d'armes destinées à percer et à corroder un grain beaucoup plus dur, elles trouvent à les employer sur des grains qui leur offrent bien moins de résistance. Aussi les blés soumis à leur action sont-ils vidés en peu de temps, tandis que le Charançon qui leur est propre, fourni d'armes d'une trempe moins forte, les émousse sur le riz qu'il n'attaque que malgré lui, qu'il n'entame qu'avec peine, qu'il ne ronge enfin qu'à force de patience.

On trouve dans le riz, comme dans le blé, deux espèces de Calandres : l'une plus grosse, plus brune, d'une conformation plus bombée, et quoique fort agile, d'une vivacité bien moins grande que l'autre, est celle que j'ai représentée munie d'antennes et d'une trompe, et à laquelle je conserverai son nom de Calandre; l'autre, à laquelle j'affecterai particulièrement le nom d'Ips, plus petite de près de deux tiers, plus déliée, plus plate, d'un brun beaucoup plus pâle, infiniment plus rapide dans ses mouvements, a les yeux plus saillants, est également pourvue d'antennes, mais manque de trompe. Cette arme est remplacée chez elle par des pinces. Cette dernière espèce semble réduite à vivre des restes de la première. Ainsi, quand la Calandre, parvenue à son entier accroissement, sent que le grain dans lequel elle a pris sa nourriture va cesser de suffire à ses besoins, dont la conscience augmente pour elle par le sentiment de la force qu'ont acquise ses armes, élargissant l'ouverture de son asile, et semblable au prodigue que flatte la certitude de trouver ailleurs l'abondance, elle sort sans se soucier des provisions qu'elle laisse après elle. L'Ips alors s'insinue dans la retraite abandonnée. Souvent trois ou quatre s'y réunissent et détachent de la coque, au moyen de leurs pinces, la farine qui y adhère encore : ils s'en nourrissent. Ainsi, chez la Calandre comme chez les humains, les petits trouvent leur nécessaire dans le superflu des grands.

Des observations ci-dessus, il est tout simple de conclure que les grains qui ne sont que percés sans être vides contiennent de jeunes Charançons, occupés de leur accroissement; que ceux dont il ne reste plus que l'écorce ont été vidés par des insectes devenus parfaits; que ceux enfin dont l'enveloppe, corrodée de toutes parts à l'extérieur, se trouve réduite en son, et la farine en un gruau sale et grisâtre, ont été la proie de ces mêmes insectes, délivrés de leur prison, ou plutôt sortis de leur berceau.

C'est alors qu'affamés de destruction plutôt encore que d'aliments, plusieurs Charançons, comme pour agir plus vite, s'acharnent sur un seul grain, et comme s'ils n'étaient pas déjà trop nombreux, unissent leurs efforts pour briser les entraves qui retiennent une multitude de complices qu'ils brûlent de se donner. Et qu'on ne se figure pas que la faiblesse de cette génération, mise au jour avant terme, la prive des moyens de subsister et de s'accroître. Les grains que sa trompe n'aurait pu percer, elle les trouve entamés par ses libérateurs, et leur pulpe, aussi molle que celle dont elle s'est vue frustrée, lui fournit un aliment semblable au moyen duquel ses organes débiles se solidifient, et sa forme, qui n'était qu'ébauchée, se développe et se perfectionne.

On a cent fois agité la question de savoir comment la Calandre se trouvait introduite dans les grains. Les uns ont avancé qu'au temps de la floraison la femelle déposait sur chaque fleur un œuf qui se trouvait bientôt enfermé dans le grain; d'autres ont dit qu'à l'aide de sa trompe elle perçait, pour y faire ce dépôt, le grain encore tendre; d'autres ont prétendu que, pour assurer la reproduction de son espèce, il lui était indifférent que le grain fût tendre ou dur, puisque, dans aucun cas, il ne peut lui résister. Il en est qui, raisonnant par analogie, ont attribué à la Calandre toutes les transformations qui ont lieu chez diverses espèces d'insectes; par exemple, on cite les papillons des Alucites passant de l'état d'œuf à celui de ver, de chenille, de nymphe, d'insecte parfait, meurent et se dessèchent après avoir produit des œufs qui subiront à leur tour les mêmes métamorphoses, et qui, déposés sur les grains, s'y attachent et brûlent, au moyen du gluten corrosif dont ils sont humectés au moment de la ponte, l'enveloppe que le petit ver perce sans effort quand il vient à éclore. Il y a loin de ces divers systèmes, enfantés par la paresse et le défaut d'observation, à la réalité démontrée par une multitude d'expériences que j'ai faites en différents temps, et qui toutes, sans aucune exception, se sont prouvées sous mes yeux, les unes par les autres.

La Calandre prduit ses petits vivants, non pas, à la vérité, sous la forme qu'ils auront un jour, et qu'elle-même a acquise. J'ai dit que, jetée avec eux hors des granges, elle les y rapportait cramponnés sur son dos, sur ses pattes, sur ses élytres; j'ai dit que ces mêmes petits, arrachés à leurs habitudes, s'attachaient aux animaux, qu'ils n'abandonnaient que, lorsque transportés par eux, ils trouvaient l'occasion de retourner à leurs mœurs. Ces faits avancés supposent déjà, de la part de l'insecte avant qu'il soit adulte, une faculté de locomotion qui ne se rencontre point dans les larves, enveloppes immobiles d'animaux encore inorganisés; ou, pour parler plus juste, dépouilles d'insectes devenus parfaits. Mais cette faculté, le Charançon l'apporte-t-il en naissant, ou l'acquiert-il en passant d'un premier état à un second? Il est si difficile de placer des idées nouvelles sur le trône ou siègent depuis longtemps des erreurs accréditées, que j'ai dû m'attendre à mille questions semblables, et y répondre d'avance, en citant des faits incontestables pour moi, et qui ne peuvent manquer de le devenir pour ceux qui voudront bien se donner la peine de les vérifier.

A diverses époques de l'année, et surtout dans les mois de juin et de juillet, après que les granges, ayant été vidées et balayées, laissent à l'insecte une plus grande liberté de se promener, et à l'observateur une plus grande facilité d'examiner ses allures, j'ai vu sur l'aire, le long de la maçonnerie des gerbiers et sur les sols qu'elle soutient, des centaines de Charançons se rassembler, sans but apparent, et déposer dans leur course qui se croisait en tous sens une poussière blanchâtre que je n'avais point auparavant aperçue. Quelques instants après, échauffée par un rayon de soleil, elle devenait mobile, le tas qu'elle avait formé diminuait insensiblement en s'élargissant, et finissait par disparaître entièrement. Cette poussière vivante, ramassée et observée à travers un bocal de verre blanc, présentait à l'œil nu une multitude d'animalcules qui grimpaient le long des parois. Infiniment plus petits que la moitié d'un grain de navette coupé dans son milieu, ils en avaient la forme; plats dans leur partie inférieure, on y distinguait, à l'aide d'une forte loupe, les six pattes sur lesquelles, rapidement portés, ils cherchaient à se répandre au dehors. Leur partie supérieure, ronde et convexe dans toute son étendue, offrait une espèce de calotte, dont on ne pouvait soupçonner les extrémités qu'à l'aspect de deux antennes, qui déjà marquaient le côté de la tête, et à la direction de l'insecte en avant. Vus au microscope, ils ressemblaient à peu près à la Mite du fromage de Gruyère, ils paraissaient couverts de poils, et plusieurs semblaient différer des autres par leur conformation : d'où j'ai conclu que, dans l'espèce de la Calandre, comme dans toutes les autres, la nature se jouait quelquefois à produire des monstres. L'extrême mobilité de ces animalcules auxquels, à cause de leur ténuité, je conserverai le nom de Mites, donné dans beaucoup de pays à l'espèce en général, comme à tous les infiniment petits, et l'impossibilité de les fixer, m'ont empêché de les observer vivants avec plus de détail. Posés sur le miroir, ils ne faisaient que passer sous la lentille ; morts, aucun changement ne devant plus s'opérer dans leur forme, ils ne présentaient plus d'intérêt à l'observation.

Cette première démonstration de la reproduction du Charançon dans une génération vivante, et déjà jusqu'à un certain point organisée, ne convaincra peut-être pas les incrédules. De nouveaux faits plus étonnants, mais non moins positifs, viendront l'appuyer, et serviront en même temps à prouver combien cet insecte est vivace, et par conséquent difficile à détruire.

Dans quelques fermes où j'avais été appelé pour employer mon procédé, je remarquai que les cultivateurs, bien convaincus que, comme je l'ai dit, le Charançon, expulsé des granges avec les criblures et les balayures, ne tardait pas à y rentrer, prenaient la précaution de les faire jeter et enfoncer dans l'eau. Je voulus essayer par moi-même de quelle utilité pouvait être, pour la diminution de l'espèce, cette mesure de prévoyance. Je mis, à cet effet, dans un saladier, une poignée de Charançons sur lesquels je versai de l'eau jusqu'au tiers du vase, que j'exposai sur une table à l'ardeur du soleil. Au bout de huit jours, l'eau s'étant sensiblement évaporée, j'en épanchai le reste, et renversai mes insectes, qui ne tardèrent pas à être secs. Bientôt je les vis remuer, s'essayer d'abord à marcher, et enfin courir avec toute la vivacité qui leur est naturelle. Voulant voir ce qu'ils deviendraient, je les cernai sous une cloche de verre. Le lendemain, la portion de la table qu'ils occupaient était couverte de cette poussière animée, ou plutôt de ces Mites dont j'ai parlé dans l'observation précédente.

Mon but n'avait été, dans cet essai, que de m'assurer de l'efficacité des moyens, soi-disant destructifs, employés par ces fermiers qui, ne connaissant pas les miens, les leur préféraient sans examen. Le fait nouveau qui venait de me frapper m'excita à tenter de nouvelles expériences. Des Charançons furent ramassés et enfermés dans un vase; ils furent, à deux reprises, inondés d'eau bouillante et totalement submergés. Deux heures après l'épanchement et la dessiccation, ils me représentèrent les mêmes phénomènes.

Je fis infuser, pendant trois jours, d'autres Charançons dans l'eau de vie. Après les en avoir retirés immobiles, présumant qu'ils n'auraient pu résister à la force de cette liqueur, je ne les examinai que le lendemain. Ils semblaient sortir d'un profond sommeil. Enfin ils s'agitèrent, reprirent leur vigueur, et j'eus encore une fois sous les yeux le spectacle de leur étonnante reproduction. J'aurai lieu de rapporter plus bas un fait singulier, né de cette expérience, et que, pour l'instant, je crois devoir écarter, attendu qu'il est étranger à la partie du sujet que je traite en ce moment.

J'ai soumis des Charançons à un bain de vingt-quatre heures, dans l'acide sulfurique à quinze degrés. Ils ont été asphyxiés et ont paru morts plus de vingt heures, au bout desquelles, aussi bien portants qu'auparavant, ils ont produit une génération nouvelle, qui m'a, comme les autres, apparu sous la forme d'une poussière grisâtre, qu'un instant a rendue mobile.

Un phénomène plus étonnant encore est celui dont je vais rendre compte. Depuis quelques jours j'avais déposé, sur une console, des Charançons qui, dès longtemps enfermés, ne donnaient plus aucun signe d'existence. Certes, je ne devais pas m'attendre à voir la vie éclore du sein de la mort! Qu'on juge de ma surprise en apercevant des milliers de Mites couvrant l'espace où gisaient leurs mères endormies pour ne plus se réveiller!

Ces diverses expériences ayant eu lieu pendant les mois de juin, juillet et août, j'en ai conclu que la saison des chaleurs était la plus favorable à la reproduction du Charançon, comme à celle des autres insectes. Je ne prétends pas, toutefois, que cette saison y soit exclusivement affectée : il est probable qu'il travaille à sa reproduction tant qu'il n'est pas engourdi : la chaleur naturelle qu'il recèle au plus haut degré, ses vertus aphrodisiaques éprouvées sur les hommes et sur les animaux, doivent le rendre un des plus lascifs et des plus populateurs. L'excessive fécondité que lui attribue l'abbé Rozier qui, dans son *Cours d'Agriculture*, élève à plus de six mille en six mois les individus provenant originairement d'un seul couple, et le professeur Duméril qui, dans ses *Leçons d'histoire naturelle*, réduit cette population à cinq mille quarante-huit pour l'année; cette fécondité, dis-je, semble annoncer, de la part de l'animal qui en est doué, une forte propension à l'épancher, et peu de dispositions à la restreindre dans un temps plutôt que dans un autre. Une observation constante, et qui vient appuyer l'opinion que le Charançon se reproduit sans cesse, excepté lorsqu'il est réduit à un état d'engourdissement accidentel, c'est qu'à toutes les époques de l'année l'on trouve des grains piqués et contenant des insectes non encore adultes, mais plus ou moins avancés dans leur développement, tandis qu'on en voit d'autres se perforer et s'ouvrir pour d'autres insectes qui l'ont entièrement acquis.

Cette nouvelle théorie, ou plutôt cette pratique

éternelle de la reproduction du Charançon, si elle ne résout pas entièrement la difficulté de son introduction dans le grain, commence du moins à répandre sur cette partie, jusqu'à présent la plus obscure de son histoire, le jour de la vérité.

Le Charançon perce le grain et s'y introduit lorsqu'il est encore à l'état d'acare ou d'animalcule. En effet, à quel dessein la nature, qui ne fait rien d'inutile, l'eût-elle créé vivant et susceptible de locomotion, si elle eût imposé à sa mère l'obligation de chercher pour lui le grain nécessaire à sa subsistance et à son accroissement? Sans nous occuper d'une série de questions tout aussi solides, et auxquelles il serait aussi difficile de répondre rien de raisonnable, ayons encore une fois recours à cette maîtresse des siècles, à l'expérience, dont les utiles leçons ne sont jamais démenties.

J'avais renfermé dans un bocal de verre blanc des milliers d'animalcules dont je voulais suivre les habitudes et les métamorphoses. Curieux de savoir d'abord comment ils supporteraient la famine, pendant huit jours je ne leur donnai point de grain; ils passèrent ce temps dans une agitation inexprimable : c'étaient, sur toute la surface intérieure du bocal, des marches continuelles, dans lesquelles chaque animalcule, tout occupé de lui-même, semblait chercher le moyen d'échapper à la mort. Après avoir décrit, dans une course précipitée, une perpendiculaire ou une courbe, on s'arrêtait spontanément comme pour réfléchir, et l'on revenait sur ses pas en courant de plus belle. Les réunions ne s'opéraient que par hasard, et si plusieurs suivaient la trace d'un seul, c'étaient comme des prisonniers qui, après avoir épuisé tous leurs moyens personnels de recouvrer leur liberté, se précipitent sur les pas d'un autre, par curiosité, par désœuvrement, mais toujours avec la faible espérance que, peut-être, il a quelque invention plus sûre, ou qu'il sera plus heureux. J'eus enfin pitié de ces cohortes affamées; je me déterminai à adoucir les rigueurs du blocus en leur faisant passer des vivres : cinq à six poignées de blé, soigneusement examiné et exempt de piqûres, remplirent le bocal jusque vers sa moitié. D'abord l'agitation devint plus vive, mais elle se calma peu à peu. Le lendemain, on marchait, on avait l'air de se promener avec tout le calme qui naît de l'abondance. Les jours suivants, je remarquai que le nombre de mes prisonniers diminuait sensiblement : je finis par n'en plus apercevoir du tout. Au bout de trois semaines, ayant remué mon bocal sur tous les sens, ses parois furent légèrement obscurcies par une poussière roussâtre, qui n'était autre chose que le son et le gruau formés par des Calandres d'une conformation parfaite, qui couvraient toute la surface du grain, et cherchaient à s'enfoncer au dessous.

D'après cette nouvelle expérience, je me crois autorisé à affirmer que trois semaines suffisent au Charançon pour passer de l'état d'animalcule à l'état d'insecte parfait, du moins si, en naissant, il rencontre, pour ce prompt développement, des circonstances heureuses, telles qu'une nourriture et un degré de chaleur convenables. Cette rapidité dans sa métamorphose, la multiplicité d'individus que rassemble la poussière qu'il dépose, leur ténuité telle, que chacun d'eux échappe, pour ainsi dire, à la vue, tandis que leur masse comparée l'étonne et la confond. Tous ces faits justifient ce qu'ont dit les naturalistes de sa prodigieuse fécondité, ainsi que les calculs des Sociétés savantes qui ont estimé au dixième, année commune, les pertes qu'il occasionne dans nos récoltes, perte qui serait bien plus considérable si la nature ellemême, honteuse, en quelque sorte, d'avoir produit une espèce aussi dévastatrice, ne commettait au hasard le soin de la détourner de la destination qu'elle lui avait assignée dans son plan primitif.

Heureuse la portion de ces générations lancées dans l'espace, qui trouve à se fixer sur les grains que sa constitution réclame ! Libre de toute inquiétude, à l'abri de la disette et des autres inconvénients d'une vocation manquée, si elle peut se soustraire à la main redoutable de l'homme, elle coulera des jours tissus d'or et de soie, elle deviendra la source de générations nouvelles, nombreuses comme les étoiles du ciel, comme les sables de la mer, et auxquelles elle transmettra la forme dont elle-même a reçu le type. Mais malheur à celles dont les mères, troublées dans leurs retraites, au moment de l'enfantement, se sont vues forcées de déposer et d'abandonner leur fruit loin du berceau dans lequel il devait trouver le couvert et la nourriture! Réduites à vivre des premières substances qu'elles rencontrent, quelquefois à se contenter du léger gluten formé sur les murailles par la transsudation des blés; si, pour comble de maux, le cultivateur place ailleurs sa récolte nouvelle; si, faisant recrépir sa grange ou son grenier, il les ensevelit sous des couches de plâtre ou d'argile, condamnées alors à garder, faute de moyens de se développer, la forme qu'elles apportèrent en naissant, elles verront s'écouler des jours, des mois, des années dans les horreurs de la misère et du désespoir; et la mort, au temps marqué pour le terme de leur vie, les frappera caduques sous les traits défigurés de l'enfance.

Et qu'on ne dise pas que j'avance un fait hasardé. Ayant eu l'occasion de reconnaître dans une grange consacrée depuis deux ans à l'emmagasinement des menus grains, et recrépie l'année précédente, des Mites de Charançons logées dans diverses fissures, je m'avisai de détacher un plâtras, sous lequel il s'en découvrit des milliards. Vues à la loupe, elles paraissaient frappées d'étisie, et leurs mouvements lents et gênés n'attestaient que trop et leur vieillesse et les maux qu'elles avaient soufferts. Malgré cette dernière observation, je songeai que ces Mites pouvaient être une production de l'année. Disposé à l'attribuer à des insectes parfaits, j'en fis une recherche scrupuleuse, et n'en trouvai pas un seul. Il est toutefois, pour ces avortons infortunés, bien connus des cultivateurs sous le nom de *couvain*, des circonstances favorables qui peuvent rompre leur clôture, et leur restituer le rang qu'ils devaient tenir dans la classe des êtres. S'il survient une ou deux années de sécheresse, les murs se lézardent, des plâtras se soulèvent; devenues libres, les Mites se répandent dans les bâtiments; et si elles viennent à rencontrer des blés que le laboureur rassuré par la longue disette qu'il leur a fait souffrir croit à l'abri de leurs atteintes, elles s'y logent et y subissent leur tardive métamorphose.

Parmi ces générations, victimes du hasard, la moins à plaindre est celle qui, s'étant trouvée déposée sur les débris des grains dévorés par ses auteurs, est condamnée à en tirer sa subsistance. Celle-là, du moins, quoique malheureuse par l'impossibilité de satisfaire ses goûts et de suivre les habitudes naturelles à son espèce, n'éprouvera point les rigueurs de la faim, mais elle n'obtiendra point l'entier développement qu'elle avait droit d'attendre. Passant de l'état de mite à celui d'insecte parfait, elle ne sera point pourvue de cette trompe, signe caractéristique du Charançon, que la nature donne à ceux qui, devenus adultes dans le grain, sont destinés à le ronger encore quand ils en sont sortis. Race abâtardie d'aïeux mieux conformés, elle ne sera composée que d'Ips chétifs, dont l'existence dépendra de ce que voudra bien abandonner à leurs besoins la sensualité satisfaite de ceux de leurs frères qui auraient eu le bonheur de ne point perdre les avantages attachés à leur origine.

Plus heureuse encore sera cette autre partie d'une population exposée au ballottage d'événements que son instinct ne peut ni prévoir ni éviter, qui, n'étant point encore entrée dans la carrière de la vie, n'y pénétrera que par le déchirement des enveloppes qui la séparent du néant : je m'explique. Mises sous la meule avec les grains auxquels elles s'attachent, les Calandres femelles, fécondées et au terme de la gestation, lui présentent une épaisseur qui ne peut échapper à son atteinte. Broyées avec ces grains, leurs particules se confondent avec celles de la farine (j'examinerai ailleurs avec quels inconvénients pour la santé, pour la vie même des consommateurs); mais les animalcules qu'elles contiennent et qu'elles allaient déposer ont évité la funeste rencontre. Plus déliés que le son, poudre aussi impalpable que la farine, ils passent vivants avec ces deux substances dans le blutoir, où ils prennent la même direction que l'une ou l'autre, selon qu'ils y sont plus ou moins adhérents. Arrivant au temps de leur métamorphose, ces animalcules, en tout semblables aux précédents, produiront comme eux un Ips qui, devant trouver son aliment dégagé de son écorce, sera dépourvu des outils que la nature ne donne qu'à ceux qu'elle met dans la nécessité de la percer.

Une singularité qui n'étonnera pas moins les naturalistes qui feront après moi du Charançon l'objet de leurs études, c'est que l'Ips, une fois Ips, ne retourne jamais à la forme qu'il a manqué d'atteindre, et que les Acares qu'il produit, encore que pareils à ceux de la Calandre, donneront toujours des insectes semblables à celui dont ils émanent, à moins que le hasard ne leur fournisse l'occasion d'entrer et de se métamorphoser dans le grain.

Il est une cinquième portion des générations de la Calandre qui, détournée par le hasard du but qu'elle devait atteindre, restera comme les précédentes, sous la forme d'*acarus*, pendant un temps indéterminé. C'est elle qui, transportée dans les champs par les vents et par les autres causes que j'ai indiquées, y demeure jusqu'à ce qu'introduite dans le grain, elle y parvienne à l'état d'insecte parfait. Si c'est vers le temps de la récolte, et dans un champ de blé qu'elle tombe, la fortune n'a rien fait contre elle, car sa métamorphose ne sera point retardée. Si c'est dans un champ de blé nouvellement semé, elle y trouvera des moyens de subsistance, et sa transformation pourra s'opérer encore avant que le grain germé et rompant ses enveloppes étende sa radicule et sauve de sa voracité ce qu'elle lui a laissé de plumule. Il est aisé de distinguer à l'œil les grains qu'elle a attaqués, peu de temps après que la tige est sortie de terre. Dans un champ de blé bien verdoyant et bien pâté, s'il se rencontre des espaces où les tiges plus rares languissent au lieu de s'épanouir, et conservent leur teinte jaunâtre, ce sont ceux où se sont fixés les essaims. Il m'est arrivé d'arracher de ces tiges qui m'étaient suspectes, et d'attirer avec leurs racines des Charançons bien formés, des milliers d'Acares cramponnés autour de leurs filaments. Si la colonie tombe au contraire dans une jachère, chacun des individus qui la composent y remplira le point de sa carrière où il est arrivé, le sort qui lui fut assigné par la nature : l'insecte parfait y périra d'inanition, ou par le défaut d'aliments qui lui conviennent, ou bien enfin parce qu'il sera parvenu à son terme. La Mite, plus faible et exposée à beaucoup plus de causes de destruction encore, si elle peut s'y soustraire, passera sans arriver à sa transformation, un, deux et trois ans, selon que les jachères seront plus tôt ou plus tard rendues à l'état de culture qu'elles attendaient, et ensemencées en grains dont dépend le salut commun.

Mais l'instinct, ce sentiment donné par la Providence pour conservateur aux animaux que, dans les voies inconnues de sa sagesse, elle semble négliger le plus, vient au secours de cette classe, auprès de laquelle les autres, avec toutes leurs infortunes, peuvent être dites bienheureuses. Pour échapper aux rigueurs de l'hiver et à l'humidité qu'ils redoutent également, elle sait se former, ou du moins trouver des retraites impénétrables. J'ai ramassé sous des pailles, que depuis plusieurs mois j'avais fait écarter d'une grange assainie, de petits globules roussâtres, de la grosseur d'un petit pois, dont la matière tenait de la nature du papier, ou plutôt de celle du guêpier des frelons. Ces globules déposés sur une table éprouvèrent, après quelques minutes, un mouvement qui ne leur était communiqué par aucune cause extérieure. Soupçonnant qu'il était produit par des insectes contenus dans leur cavité, j'en ouvris quelques uns en prenant toutes les précautions possibles pour ne pas froisser les animaux dont je croyais tenir les nymphes. J'en vis sortir une infinité de Mites d'une couleur sanguinolente, qu'à l'aide d'une loupe je reconnus pour celles de la Calandre. L'enveloppe dont je les débarrassai était-elle l'ouvrage commun, ou celui des auteurs de leurs jours? était-ce l'œuf ou la dépouille de quelque autre insecte dont ces Mites s'étaient emparées et avaient fermé l'ouverture? Une raison qui me ferait pencher pour la première de ces hypothèses, c'est que la matière de cette enveloppe était partout la même. Au surplus, n'ayant point eu l'occasion de renouveler cette observation, je me garderai bien de prononcer.

Si l'étude que j'ai faite de la Calandre m'a conduit à rendre un compte fidèle de ce qu'elle peut devenir, dans les cinq portions de sa population que je viens de considérer, il est infiniment probable que le surplus, qui en est la majeure partie, à en juger par la masse de sa poussière productive, s'est dérobé pour jamais à mes recherches. En effet, quelque prodigieuse que soit la multiplication du Charançon, elle le serait davantage encore si la totalité de cette poussière parvenait à former des insectes parfaits. Mais, par bonheur, les aveugles agents chargés de sa dissémination ne le sont point de sa conservation. Ce qu'ils en répandent sur les eaux, sur les sables arides, sur les landes, sur les bruyères éloignées des terres labourables, ce qui en tombe dans les forêts, où les vents rencontrent dans leur action d'innombrables obstacles, tout cela est perdu pour l'existence ou du moins pour l'espèce, et par conséquent soustrait à l'examen de l'observateur.

On a prétendu qu'une autre cause destructive des Calandres contribuait efficacement, chaque année, à en diminuer le nombre, et cette cause, c'est la mort des mères, immédiatement après la reproduction. Ce fait, sans doute, a lieu quelquefois, je l'ai moi-même observé; mais il n'est pas de ceux qu'une expérience constante puisse constater à des époques déterminées. Si ces femelles périssaient toujours après l'enfantement, on rencontrerait leurs cadavres à chaque mois, à chaque jour de l'année, puisque sans cesse on rencontre des Mites et des insectes arrivant ou parvenus à l'état parfait. Je rappellerai, à cet égard, que parmi les Charançons que j'ai conservés pendant plusieurs années de suite, il s'est trouvé des femelles qui ont peuplé impunément, et qui n'ont cessé de vivre qu'avec les mâles qui les avaient fécondées.

On a encore reconnu que des milliers de jeunes Charançons trouvaient la mort dans les grains avant d'avoir acquis leur entier développement. On ne peut attribuer cette destruction commune à toutes les espèces animales qu'à la mauvaise qualité de ces grains altérés et souffrants, ou à la faiblesse et aux vices d'organisation des sujets dont ils devaient accroître les facultés vitales; mais si, comme on peut en quelque sorte l'affirmer, elle est plus commune pour celle du Charançon que pour toutes les autres, c'est une nouvelle preuve de la prévoyance de la nature, qui frappe dans son germe un insecte auquel, par une dérogation à ses lois ordinaires, elle n'a suscité, dans la plénitude de sa force, aucun destructeur connu, et dont elle semble avoir oublié de prévenir ou d'arrêter les ravages.

Ces ravages, bien plus faciles à constater dans les greniers où la lumière pénètre, où les grains amoncelés s'offrent à l'œil, débarrassés de leurs enveloppes, et où, par conséquent, l'insecte les attaque sans obstacle, que dans les granges où règne l'obscurité, et où les pailles retardent son action; ces ravages, dis-je, sont tels que, d'après un rapport fait en 1816, à la Société royale et centrale d'agriculture, cette Société n'a point hésité à estimer à cinquante setiers la perte que supporte, année commune, une ferme de cinq cents arpents de terre. Combien ce calcul devient effrayant si nous supposons un département, celui d'Eure-et-Loir, par exemple, composé de *quatre cents* communes rurales, comptant l'une dans l'autre quatre fermes seulement de cette étendue! Voilà, pour ce seul département, *quatre-vingt mille* setiers de blé enlevés à la consommation de l'homme, et donnant, au prix du setier le plus modéré, que je n'élève qu'à *vingt-cinq francs*, une perte réelle en argent de *deux millions*.

Cette perte effrayante n'est ici calculée que comme la perte particulière des cultivateurs. Je ne prétends point établir de combien elle s'augmente, soit dans les magasins du gouvernement, soit dans ceux du commerce où finissent par se réunir tous les grains que n'absorbe pas la consommation locale. Mais qu'on se représente des monceaux immenses de grains où les Calandres se sont une fois introduites : le remuage, le criblage, les ventilations du tarare les troubleront dans l'exercice de leurs dégâts. Une immense quantité de ces insectes à l'état parfait sera mise avec les criblures, sous la main du conservateur qui, croyant les détruire à jamais, aura recours à la submersion dans l'eau froide, à l'immersion de l'eau bouillante, ou simplement se contentera de la jeter au loin, sans s'inquiéter de ce qu'elle deviendra. Tandis qu'il en rassemblera la partie la plus nombreuse, la plus faible s'échappera, regagnera les anciens monceaux dont elle fut séparée, ou suivra ceux qu'on va former des grains qu'on croit avoir délivrés. Cependant, de deux côtés, la Mite subira sa transformation et fournira de nouveaux Charançons, tandis que ceux qu'on n'avait fait qu'écarter, sortant, après l'évaporation des eaux, de l'état d'asphyxie où ils avaient été réduits, ou bien franchissant les distances auxquelles on les avait transportés, rentreront dans les magasins, avides d'aliments, de destruction et peut-être de vengeance.

C'est alors qu'avec leurs générations développées au moyen de leur propre chaleur et de celle des grains qui les recèlent, ils finissent, comme je l'ai dit, par les égaler, par les surpasser en nombre, au point de rendre leur couleur équivoque, de les remuer et de ne laisser bientôt à leur place que des coques vides, si l'avare routine, rebutée de l'inutilité de ses précautions, ne s'empressait de convertir en farines et les grains qu'elle n'a pas su conserver, et les Charançons souvent suscités pour la punir de ses spéculations coupables. Mais ces farines, combinées avec les débris d'insectes reconnus pour avoir les propriétés corrosives de la Cantharide, en contractent une teinte roussâtre : elles sont rudes au doigt qui les touche; bientôt elles s'échauffent, et comme si leur fléau n'avait pas dû trouver sa fin sous la meule, des milliers d'Ips, nés de sa poussière productive, des milliers de vermisseaux y vivent aux dépens de la partie substantielle, y pullulent, y meurent, y produisent une fermentation putride; enfin, le pain formé de cet odieux mélange, déjà suspect à l'œil du consommateur, ne lui offre qu'une odeur et une saveur rebutantes, pour l'avertir, sans doute, qu'il doit être pour lui un poison plutôt qu'un aliment. Ce que j'avance ici n'est point une hypothèse gratuitement imaginée; ces funestes ravages viennent d'être confirmés par M. Darblay et Audouin, ils se trouvent insérés au discours de M. Soulange Bodin, à l'ouverture de la séance qui a eu lieu le 2 février 1837, à la Société royale et centrale d'agriculture. Ces messieurs désignent l'Ips sous le nom de *Ptinus fur*, insecte bien connu du fermier sous le nom de couvain du Charançon.

Si l'on consulte les fastes de la médecine, on ne pourra voir, sans une douleur mêlée d'indignation, l'innombrable quantité de maladies de toute nature qui se déchaînent sur les hommes civilisés, à la suite de ces disettes, malheureusement trop fréquentes, pendant lesquelles le spéculateur, empruntant son importance de la nécessité, vend au poids de l'or ces honteux débris que, tout en les payant, une administration embarrassée se trouve contrainte de recevoir avec reconnaissance. Qu'ils disent, ces médecins initiés à la véritable théorie des fièvres adynamiques, si jamais ils en virent un plus grand nombre qu'après l'espèce de famine de 1817! Qu'il dise lui-même, le savant professeur qui la leur révéla, si, dans les armées, il observa jamais plus d'inflammations du canal intestinal qu'après les époques où elles avaient été nourries d'un mauvais pain, d'un pain formé comme celui de 1817, de farines infectées de la substance des Charançons.

Et qu'on ne prétende pas que, pour rendre plus effrayant le tableau des propriétés inflammatoires de la Calandre, j'avance ici des faits dénués de preuves. Les expériences que mon état, étranger à la médecine, ne m'a point permis de faire sur des hommes décédés à la suite des maladies dont je viens de signaler la cause, je les ai faites ou vu faire sur des animaux morts pour avoir usé d'aliments empoisonnés soit par le Charançon, soit seulement par les émanations caustiques qu'y avait laissées leur séjour. Malheureusement je n'ai point eu l'occasion de les multiplier; mais, dans le petit nombre d'autopsies d'animaux dont j'ai été témoin, tous les sujets présentaient une inflammation intestinale de la plus grande intensité.

L'inflammation intérieure produite chez les animaux par l'absorption du Charançon se prouverait, à défaut des expériences que je viens de rapporter, par sa causticité, qui en fait à l'intérieur un véritable vésicatoire, et qui leur cause des maladies érysipélateuses. Les Mites qui tombent des râteliers sur le cou des chevaux se nichent dans leur crinière et leur causent le farcin.

A l'appui de cette assertion, je citerai un fait dont j'ai été témoin dans cette même commune d'Auverneaux, où j'ai remarqué un essaim de Calandres naturalisé sur un cep de vigne ; et quoique ce fait ne m'ait frappé qu'une seule fois, les habitants du pays m'ont certifié qu'il se présentait assez communément.

On sait que, pendant l'hiver, les batteurs qui, pour l'ordinaire, ne sont pas nourris par les cultivateurs, prennent leurs repas dans les granges, et que, pour se réchauffer les pieds, qu'ils ont ordinairement nus, sous un simple pantalon de toile, ils les enfoncent dans les gerbes. Un batteur qui avait été dans cet usage me montra un jour ses jambes, sur lesquelles je reconnus une érysipèle de la même nature que le farcin des chevaux; depuis plus de huit mois, il était attaqué de ce mal, qui lui faisait éprouver des douleurs brûlantes, ce qui avait produit de profondes gerçures. Dans tous les endroits où la plaie n'était pas au vif, la peau s'écaillait et s'enlevait sous la forme d'une poussière blanche. Plus de six mois se passèrent sans qu'il obtînt une guérison parfaite. Interrogé sur la cause à laquelle il attribuait ce mal, il me répondit que c'était au Charançon dont, comme tous les habitants de la campagne, il connaissait la chaleur expansive, mais dont il n'avait jamais soupçonné, ni, à plus forte raison, redouté les piqûres.

Le fait né de mon expérience de l'infusion du Charançon dans l'eau de vie, dont j'ai promis de rendre compte, doit ici trouver sa place et confirmer ce que j'ai dit des autres propriétés de ces insectes semblables à celles des Cantharides. Après avoir décanté l'eau de vie dans un autre verre pour en séparer les Charançons, je la laissai sans dessein sur la cheminée de ma chambre. Un ouvrier de la ferme, croyant me faire pièce, avala cette liqueur. Une heure après, il ressentit dans l'estomac et dans les intestins, une chaleur insupportable; un éréthisme violent succéda, le malade éprouva des vertiges et même des accès de frénésie : le lait qui lui fut abondamment administré le calma insensiblement, et finit par le rendre à son état accoutumé.

Les funestes influences de la Calandre sur la

santé, sur la vie même de l'homme et des quadrupèdes se représentent chez les volailles, plus exposées encore à s'en nourrir. Souvent il arrive que, pour s'échapper, les Charançons qu'elles ont avalés leur criblent le jabot et les intestins qui s'enflamment également. La Mite, attachée sur leur peau, corrode et brûle la racine des plumes qui tombent, et dont la première enveloppe s'écaille en farinant; enfin, d'après les observations qui m'ont démontré que la Calandre n'a, pour ainsi dire, qu'une forme conditionnelle, je suis tenté de croire, sans pourtant l'affirmer, que tous les insectes qui tourmentent les Gallinacés, et dont ils ne se débarrassent qu'en partie, en se vautrant dans la poussière, ne sont que des dégénérescences.

Je crois en avoir assez dit pour rappeler à la mémoire des cultivateurs des faits qui se passent tous les jours sous leurs yeux, et pour les engager à profiter des avantages attachés à ma découverte, ils affranchiront leurs moissons d'un insecte qui lève à leurs yeux la dixième, la cinquième partie de leurs récoltes, et plus de sécurité pour leurs bestiaux. Qu'ils se rappellent que la combustion des pailles est un moyen aussi dangereux, qu'il en est peu propre à garantir leur moisson des ravages de cet insecte.

Plus d'une expérience faite de mon procédé sous les yeux des commissaires a démontré cette vérité dans les départements de Seine-et-Oise et de Seine-et-Marne, où ces messieurs ont suivi mes opérations durant six années, pour pouvoir donner leur approbation à l'application de cette découverte, qui n'est autre chose qu'une science indiquée par la nature.

Jaloux de contribuer à assurer la subsistance d'un peuple nombreux, et de procurer des moissons nouvelles, je m'empresse de donner une seconde publicité au rapport mémorable du 31 mars 1819, approuvé après sept années d'expérience, par MM. Parmentier, Olivier, Yvart, Sageret, et Labbé rapporteur, membres délégués par la Société royale et centrale d'agriculture.

PIÈCES JUSTIFICATIVES.

Extrait des Délibérations de la Société royale et centrale d'Agriculture.

Séance du 31 mars 1819.

Un membre lit, au nom d'une Commission, le rapport suivant :

MESSIEURS,

Vous nous avez chargés, MM. SAGERET, YVART et moi, de suivre les expériences de M. CHENEST, à l'effet de constater l'efficacité d'un procédé de son invention, pour la destruction du Charançon des blés, et de vous en rendre compte.

Vos commissaires ont déjà eu occasion de vous entretenir plusieurs fois de cette découverte ; ils ont visité, ainsi qu'ils l'ont dit dans un premier rapport, un grand nombre de granges, interrogé un grand nombre de cultivateurs, vérifié l'état d'un grand nombre de bâtiments, dans lesquels des expériences avaient été faites deux et trois ans auparavant, et c'est après avoir suivi eux-mêmes plusieurs nouvelles expériences et constaté leur résultat; c'est après s'être éclairés du témoignage de plusieurs personnes instruites, qu'ils ont reconnu unanimement que le procédé de M. CHENEST était, de tous les moyens employés pour la destruction du Charançon, celui qui méritait incontestablement la préférence.

Deux autres expériences ont été faites depuis sous les yeux de vos commissaires : elles n'ont fait que les confirmer dans leur première opinion, et que rendre, s'il était possible, leur conviction plus complète. Ce n'est point comme caustique, ce n'est point par l'influence des vapeurs nauséabondes qu'agit le procédé employé par M. CHENEST, le succès a paru à vos commissaires ne rien laisser à désirer.

Signé SAGERET, YVART, et LABBÉ, *Rapporteur.*

La Société approuve le rapport et arrête qu'il en sera adressé une expédition à Son Excellence le Ministre de l'Intérieur, et remis une à M. CHENEST.

Signé le Comte FRANÇOIS DE NEUFCHATEAU, *Président*,

et SILVESTRE, *Secrétaire perpétuel.*

4

En disant que le succès ne laisse rien à désirer, le rapporteur a répondu d'avance à toutes les objections. Il faut d'ailleurs se rappeler que la commission nommée par la Société royale et centrale d'Agriculture n'a fait son rapport qu'après avoir suivi ces expériences pendant sept années.

MINISTÈRE DE L'INTÉRIEUR.

Lettre de M. Mirbel *à M.* Chenest.

19 avril 1819.

Monsieur,

J'ai reçu votre lettre du 10 août courant et le mémoire dont elle était accompagnée.

J'ai communiqué l'une et l'autre au conseil d'agriculture, qui a entendu avec intérêt votre description du Charançon et les détails abrégés du procédé que vous avez inventé pour la destruction de cet insecte.

Le conseil, toutefois, qui ne s'occupe que d'objets généraux, a pensé que ce travail était moins de son ressort que de celui de la Société d'Agriculture qui s'en est déjà occupée.

J'ai l'honneur de vous remercier, Monsieur, de cette intéressante communication, et de vous offrir l'assurance de ma considération très distinguée.

Le Maître des requêtes, Secrétaire général du Ministère,

Mirbel.

Lettre de M. Chenest *au Ministre de l'Intérieur.*

19 avril 1819.

Sans doute V. E. aura reçu officiellement l'expédition du rapport fait à la Société royale et centrale d'Agriculture, par MM. Labbé, Sageret et Yvart, du 31 mars dernier ; je prends toutefois la liberté d'adresser à Votre Excellence, une copie de cette expédition, telle que je l'ai reçue moi-même. Il en résulte, pour Votre Excellence, la certitude que mon procédé pour la destruction d'un insecte qui cause tant de ravages est infaillible ; mais, Monseigneur, autour d'une idée-mère, il se forme un groupe d'idées toutes filles de la première, et susceptibles d'un intérêt non moins digne d'attirer les regards d'un administrateur éclairé qu'anime le désir du bien public.

Peut-être pour parvenir au point où me mettent le rapport fait à la Société d'Agriculture et l'arrêté qu'elle a pris, je n'ai dû fixer son attention que sur la seule destruction du *Charançon* du blé ; mais je dois déclarer à V. Exc., que je ne suis pas moins certain d'atteindre l'insecte vulgairement nommé *Mite*, *Ips* ou *Charançon* des farines, qui les appauvrit en absorbant la partie saccharine, et de les garantir, si elles sont saines, de l'invasion de ce redoutable ennemi dans tous les lieux qui seraient confiés à nos soins. Je ne vous cacherai pas non plus, Monseigneur, qu'il entre encore dans mes aperçus de préserver les oliviers d'une maladie communément appelée *le noir*, qui, selon le témoignage des gens du pays, emporte quelquefois les trois quarts de la récolte espérée et estimée par des experts. Je pourrais même étendre davantage l'utilité de ma découverte, s'il n'était de la prudence de renvoyer quelque chose à un cours d'expériences suivies ; mais, Monseigneur, les résultats que j'ai obtenus, ceux que me donnent le droit d'attendre des aperçus fondés sur les plus exactes analogies, m'ont occasionné, depuis sept années, des travaux pénibles, des voyages fréquents, des essais coûteux, sans autre espoir de m'acquitter envers les personnes qui s'intéressaient à mes succès, que la mise en activité de mon procédé et la récompense qu'elles pensaient que V. Exc. daignerait accorder à une invention dont l'utilité se recommande d'elle-même. J'ose, à cet égard, intéresser votre justice et votre munificence, et vous supplier de m'appliquer, dans votre sagesse, une portion de la somme mise à votre disposition pour les encouragements à donner aux découvertes utiles à l'agriculture. Quelle que soit la décision de V. Exc. sur cette demande, que je la supplie d'accueillir favorablement, je dois profiter de l'occasion, pour lui faire observer qu'on juge assez sainement du temps à venir par la constitution que paraît prendre l'état de l'atmosphère ; à de longues pluies qui nous ont affligés en 1816, vont succéder, selon toute apparence, des jours de chaleur et de sécheresse, circonstances favorables à la prodigieuse multiplication des *Charançons*. S'il est vrai qu'on doive prendre d'autant plus de précautions contre un fléau qu'on en est menacé d'une manière plus certaine, il semble raisonnable de s'occuper d'avance de la conservation d'une riche moisson, que nous pourrions tenir de la bénignité du temps, si V. Exc. prend dans le rapport fait à la Société d'Agriculture la confiance que je désire qu'elle accorde aux moyens que je développe contre les *Charançons*.

Je crois pouvoir, sans indiscrétion, lui demander d'être appelé à la surveillance des approvisionnements qui pourraient être faits, soit en blés, soit en farines.

Mais il est digne de Votre Excellence de ne point borner aux propriétés du gouvernement sa prévoyance paternelle. Bien d'autres établissements publics et tous les cultivateurs du royaume ont à redouter l'attaque d'un ennemi qui ne fait acception à personne; vous pouvez, Monseigneur, faire connaître ma découverte à MM. les préfets; et, en faisant savoir, par leur canal, aux cultivateurs-propriétaires de grains, que le gouvernement s'approvisionnera de préférence chez ceux qui, les ayant soumis à mes procédés, justifieront qu'ils ne laissent plus d'inquiétude tant qu'à la conservation. C'est par les soins du ministère, c'est par les instructions qu'il a répandues, c'est par les mesures qu'il a prises, que nous avons vu s'établir la vaccine, malgré les préjugés qui s'élevaient contre elle.

Une découverte qui pourvoit à la subsistance d'un peuple nombreux mérite peut-être la même protection que celle qui pourvoit à la santé.

Enfin, Monseigneur, si Votre Excellence jugeait à propos de désigner quelques départements pour y mettre de suite mon procédé en activité, je la supplierais de me faire les avances nécessaires pour faire placer à ma disposition, dans chaque chef-lieu, une pompe therméole, désignée au rapport du 31 mars. Chaque therméole coûte 800 francs. MM. les préfets en pourraient faire l'acquisition, ou j'en rembourserais la valeur à votre ministère, sur le produit des premières souscriptions à mon profit sur les cultivateurs.

CHENEST.

Le Ministre Secrétaire d'État de l'Intérieur,

A M. Chenest.

6 mai 1819.

Monsieur,

J'ai pris connaissance des demandes que vous m'avez adressées, à l'effet de vous faciliter les moyens de tirer parti du procédé que vous avez découvert pour la destruction du *Charançon du blé*, dont l'efficacité a été constatée par la Société royale et centrale d'Agriculture.

Quoiqu'en vous réservant le secret de votre découverte, pour la faire valoir à votre profit, vous ne puissiez avoir droit à aucune faveur particulière de l'administration, cependant, prenant en *considération* les *sacrifices* que *vous avez faits* et *l'utilité* qui peut résulter de l'emploi de ce procédé pour la conservation des grains, je juge convenable d'encourager sa propagation par les moyens suivants.

D'un côté, je joins ici une lettre dont vous pourrez faire usage auprès de MM. les préfets des départements, par laquelle je les invite à vous procurer, dans l'occasion, toutes les facilités qui dépendront d'eux pour aider à répandre la connaissance et à propager l'emploi de votre procédé.

De l'autre, j'écris à Leurs Excellences les Ministres de la Guerre et de la Marine et des Colonies, ainsi qu'à M. le directeur de la réserve de Paris, pour vous recommander à eux, à l'effet de vous employer, quand il y aura lieu, pour la destruction des *Charançons*, dans les magasins de blés qui dépendent de leurs administrations respectives. Enfin, je vous accorde une seconde somme de trois cents francs, à titre d'encouragement. Vous voudrez bien vous présenter à la 6e division de mon ministère, où l'on vous remettra la lettre d'avis nécessaire pour toucher cette somme au trésor royal.

Je désire, Monsieur, que ces diverses dispositions vous fournissent les moyens de faire valoir votre découverte d'une manière à la fois utile pour vous et pour le public.

Le Ministre secrétaire d'État de l'intérieur,

Le comte DECAZE.

Circulaire à MM. les Préfets.

6 mai 1819.

M. Chenest, de Paris, qui vous présentera cette lettre, a découvert un moyen de faire périr le *Charançon du blé*, dont l'efficacité a été constatée par un rapport de la Société royale et centrale d'Agriculture : il se propose de faire valoir son procédé, dont il s'est réservé le secret. J'ai l'honneur de vous inviter à lui procurer les facilités qui dépendront de vous pour en répandre la connaissance et en propager l'emploi parmi les agriculteurs de votre département.

Agréez, monsieur le préfet, l'assurance de ma considération la plus distinguée.

Le Ministre secrétaire d'Etat au département de l'Intérieur,

Signé le comte DECAZE.

Le préfet de Seine-et-Oise,

A MM. les Sous-Préfets de son département.

Versailles, le 27 avril 1820.

La personne qui vous remettra la présente a découvert un procédé pour la destruction du *Charançon*. Le gouvernement, après s'être assuré de l'efficacité de ce procédé, a bien voulu accorder des encouragements à l'inventeur. Conformément aux instructions de Son Excellence le Ministre de l'Intérieur, je vous invite à répandre la connaissance de ce moyen de conservation des grains, et assurer à l'inventeur la protection et les facilités dont il pourrait avoir besoin pour le succès de son entreprise.

Le préfet de Seine-et-Oise,

DESTOUCHES.

Conservation des Blés et Fourrages.

L'expérience qui a été annoncée les 8 et 9 juin, et faite sous la protection de M. le Préfet de Versailles, dans l'établissement rural et royal de Rambouillet, d'après le rapport de la Société royale et centrale d'Agriculture, en date du 31 mars 1819, étant de nature à détruire tous les doutes qui pourraient encore s'élever sur l'efficacité de la découverte de M. CHENEST, il croit devoir faire publier le certificat ci-après.

MAISON DU ROI.

ÉTABLISSEMENT RURAL ET ROYAL DE RAMBOUILLET.

Je, soussigné, déclare que M. CHENEST, inventeur d'un procédé pour la destruction des *Charançons du blé*, s'étant engagé à purger une grange et un grenier dépendants de l'établissement rural et royal de Rambouillet, a fait faire l'application de ses moyens, dont les résultats m'ont paru, jusqu'à ce moment, satisfaisants; que les Charançons qui existaient dans ces bâtiments, sous diverses formes, ont été détruits, et que, par l'examen scrupuleux que j'en ai fait, je n'ai pu reconnaître l'existence d'aucun; enfin, qu'une expérience faite sous mes yeux m'a particulièrement prouvé que l'insecte périssait par le procédé qu'il employait; et comme ces opérations ont pour but de garantir les récoltes nouvelles, j'en attends les meilleurs résultats. Les cultivateurs qui voudront s'assurer de l'efficacité des moyens de M. CHENEST pourront visiter les grange et grenier de l'établissement où ils ont été mis en usage, après que les grains de la récolte de 1820 y auront été introduits.

En foi de quoi j'ai délivré le présent, pour rendre hommage à la vérité.

A Rambouillet, le 17 juin 1820.

Signé BOURGEOIS, directeur de l'établissement rural et royal de Rambouillet.

Copie du Mémoire adressé par M. CHENEST *à M. le Préfet de la Seine-Inférieure, le* 1er *mai* 1821.

La découverte d'un procédé infaillible pour détruire le Charançon, qui infecte les blés, est, comme beaucoup d'autres découvertes utiles, susceptible de demeurer longtemps ignorée. Il ne suffit pas que ce procédé ait été éprouvé par des expériences multipliées qui en attestent l'efficacité ; qu'il ait obtenu, après un mûr examen, l'approbation de la Société royale et centrale d'Agriculture ; qu'il ait, en un mot fixé, d'une manière particulière, l'attention du gouvernement, il faut encore qu'il soit mis à la portée des cultivateurs, qu'il soit enfin généralement employé dans les contrées agricoles, où l'insecte destructeur qu'il attaque exerce habituellement ses ravages.

On atteindrait rapidement ce but si le gouvernement se rendait acquéreur de cette découverte précieuse, et s'occupait lui-même du soin de la propager, en lui prêtant, au besoin, l'appui d'une législation spéciale ; et certes on peut dire que cet objet, qui se rattache de si près à l'intérêt du royaume, est digne de toute sa sollicitude. Mais il est à présumer que l'administration occupée de tant d'autres soins, ne jugera point à propos de se charger de nouveaux détails : c'est donc à l'inventeur à chercher lui-même à faire valoir, d'une manière profitable pour lui, le fruit de ses veilles et de ses longues recherches.

Réduit à ses propres moyens, son entreprise doit se borner d'abord à un seul département. L'accueil qu'il a reçu dans celui de la Seine-Inférieure lui fait désirer de s'y établir d'abord de préférence a tout autre; et, pour arriver au résultat qu'il désire, voici comment il conçoit l'organisation du service qu'il aurait en vue d'établir.

Un collaborateur associé à ses soins, avec le titre de directeur, serait chargé de se mettre en relation avec les autorités administratives, les Sociétés savantes et les principaux propriétaires, afin de propager la connaissance des procédés, d'en démontrer les effets et l'utilité; il provoquerait ainsi les souscriptions des cultivateurs qui désireraient se mettre à l'abri du Charançon ; on fait opérer le recouvrement, et on s'occuperait enfin de tous les détails de comptabilité auxquels donnerait lieu l'application de ces procédés dans chaque localité.

Dans chaque canton, un agent aurait pour mission de se transporter successivement dans les fermes des souscripteurs pour assainir les bâtiments qui renferment les récoltes, conformément aux instructions précises qui lui auraient été données.

Le traitement de ces agents, celui du directeur, les frais de bureau nécessaires seraient prélevés sur le produit des souscriptions ; d'abord peu considérables , ils seraient susceptibles de s'accroître ultérieurement dans une plus forte proportion.

L'organisation projetée constituerait donc ainsi une spéculation particulière, exploitée au profit de l'auteur de cette découverte.

Mais, avant de commencer, il se trouverait obligé à une mise de fonds qui est au dessus de ses moyens : l'application de ces procédés exige l'emploi d'un appareil, consistant en une pompe à deux jets, montée sur une voiture attelée d'un cheval ; cette pompe therméole peut coûter, tout compris, environ 2,500 fr., et il n'en faudrait pas moins de cinq dans le département. C'est cette somme de 12 à 13,000 fr. qu'il croit pouvoir solliciter auprès de S. Exc. le Ministre de l'Intérieur, *à titre d'avance*, en raison de l'intérêt particulier que doit inspirer à tout homme d'Etat une découverte dont il est si important de faire jouir l'agriculture.

Indépendamment de cette marque d'une protection spéciale, et, on ose le dire ici, bien justement méritée, il serait encore nécessaire que le Gouvernement prêtât un utile appui au projet d'entreprise qui fait l'objet de ce Mémoire :

1°. En ordonnant que les magasins de blés formés pour le compte du Gouvernement, ou des établissements publics, seront soumis à l'application des procédés qui ont pour but la destruction du Charançon ;

2°. Qu'une ordonnance royale, fondée sur les mêmes principes qui ont servi de base au décret du 22 décembre 1812 et autres concernant la même matière, déterminât une empreinte qui, sur la demande des cultivateurs dont les blés seraient exempts de Charançons, pourrait être appliquée exclusivement sur les sacs des cultivateurs dont la ferme assainie enverrait ses blés en vente.

Ces vues, si elles pouvaient être réalisées, paraîtraient propres à propager, dans le vaste département de la Seine-Inférieure et autres, une découverte dont il deviendrait superflu de préconiser les avantages.

« Ce manuscrit a été transmis de suite, par M. le Pré-
» fet, à S. Exc. le Ministre de l'Intérieur, pour fixer l'*at-*
» *tention* de S. Exc. sur l'importance de la découverte de
» M. CHENEST. »

CERTIFICATS.

M. DELONAY, maire de Chailly, certifie que les opérations de M. CHENEST, dans sa commune, ont produit tout l'effet désirable.

M. le Baron de JUMILHAC, député de Seine-et-Oise, ajoute ces paroles : « La découverte de M. CHENEST est » réellement précieuse et les résultats bien avantageux : le » gouvernement devrait traiter d'un secret dont la publicité » serait si avantageuse à l'agriculture, et lui épargnerait annuellement une perte considérable. »

10 juin 1814.

Nous soussigné, Duc de ROVIGO, propriétaire de Nainville, certifions que depuis nombre d'années mes granges étaient empoisonnées de Charançons, qu'aucun soin ni précaution n'avaient pu éloigner ; qu'ayant appris que M. CHENEST, chimiste, à Paris, avait découvert le moyen de les détruire, j'invitai ce naturaliste à venir chez moi, et il voulut que je fusse, le même jour, témoin de ses opétions.

Le lendemain, revenu dans mes granges pour examiner les travaux et les résultats de la veille, j'ai remarqué avec satisfaction la destruction des Charançons, dont le nombre était si considérable qu'on pouvait les enlever par boisseaux.

En foi de quoi nous avons délivré le présent, revêtu du sceau de nos armes, pour rendre hommage à la vérité, et servir à ce que de raison.

A Nainville, ce 15 juillet 1814.

Signé le DUC DE ROVIGO.

Je, soussigné, certifie que M. CHENEST, naturaliste, à Paris, s'étant engagé à faire détruire le Charançon, dont mes granges étaient infectées, ce qui me faisait éprouver tous les ans une perte considérable, a complètement rempli sa tâche; que j'ai été surpris des moyens simples et nouveaux qu'il emploie, et de leur résultat.

Fait à Chailly, le 29 juillet 1817.

Signé DELIONS, maître de poste et propriétaire à Chailly.

Le soussigné atteste que M. CHENEST ayant traité avec moi pour faire purger mes granges du Charançon, dont elles étaient infectées, a complètement réussi; que mes granges sont saines et délivrées de cet insecte; que les moyens nouveaux employés par ce naturaliste sont prompts, peu dispendieux, et qu'il peut résulter de grands avantages de l'extension de sa méthode.

Fait à Saint-Fargeau, le 30 juillet 1817.

Signé MARTIN, propriétaire.

Je, soussigné, certifie qu'ayant été informé que M. CHENEST, naturaliste de Paris, avait délivré plusieurs fermes du Charançon, je le priai de vouloir bien me délivrer de ce fléau; qu'à cet effet, il se transporta dans mes granges, où s'étaient rendues plusieurs personnes de l'endroit, attirées par la curiosité. Elles certifieront, comme moi, qu'une première expérience détruisit, en moins d'une heure, la presque totalité des Charançons, et qu'une seconde opération acheva de les détruire. Le tout en présence des témoins soussignés.

Fait à Vaugirard, le 22 septembre 1817.

Signé CAVA, propriétaire; MASQUILLIER, CRUCIFIX, MARTIN, témoins.

Le soussigné, directeur de l'établissement, certifie que les opérations de M. CHENEST ont produit, dans les grange et grenier de la ferme royale, tout l'effet désirable. On a cependant remarqué que le Charançon avait reparu dans le grenier; mais il est raisonnable d'attribuer son invasion au voisinage des vieux blés, encore infectés de Charançons. C'est pourquoi j'ai délivré le présent, pour valoir ce que de raison.

A Rambouillet, ce 11 mai 1821.

Signé BOURGEOIS, directeur de l'établissement rural et royal.

Je, soussigné, déclare que M. CHENEST, inventeur d'un procédé qui a pour but la destruction du Charançon, a répété son expérience dans une des granges de la ferme royale, à l'effet de détruire les causes qui donnent lieu à la reproduction de l'insecte.

Vu, pour la légalisation de la signature de M. BOURGEOIS.

Rambouillet, le 20 juillet 1821.

Signé BOURGEOIS, directeur de l'établissement rural et royal.

Le Sous-Préfet,
FERRUI-DELICE.

Nous soussigné, adjoint délégué, et faisant pour absence de M. le marquis de GASVILLE, maire de la commune d'Yville-sur-Seine, déclarons qu'il est à notre connaissance que M. CHENEST de Paris, inventeur du procédé pour la destruction du Charançon des blés, a fait l'application de son procédé, 1° chez M. le marquis de GASVILLE; 2° chez Nicolas LEROUX; 3° Pierre CHÉRON; 4° Antoine TESTU, et moi Désiré HULIN, dit adjoint; plus encore chez le sieur TESTU fils, tous cultivateurs en cette commune; et comme ces expériences, faites au nombre de huit, ont pour but de préserver les blés des atteintes de cet insecte destructeur, pour la nouvelle récolte, nous en attendons les meilleurs résultats.

Déclarons, en outre, que ces expériences ont été commencées dans notre commune dès le mois de février dernier, chez le sieur LEROUX, mais qu'elles n'ont pu être praticables chez les autres fermiers que dans le mois de juillet dernier.

En foi de quoi nous avons délivré le présent pour rendre hommage à la vérité.

A Yville-sur-Seine, cejourd'hui, 3 août 1821.

Signé Désiré HULIN, Antoine TESTU, TESTU fils, Pierre CHÉRON.

Pour M. le Marquis DE GASVILLE:

Le fondé de procuration, qui a vu les opérations et beaucoup de Charançons morts sur une ronde,

PURVILLY.

A la Meilleraye, le 20 septembre 1821.

Madame la Marquise de NAGU certifie que M. CHENEST, auteur d'un procédé pour la destruction des Charançons du blé, s'étant engagé à faire détruire ces insectes, dont ses granges et greniers étaient infectés, et qui lui faisaient éprouver une perte considérable tous les ans, a parfaitement rempli la tâche qu'il s'était imposée ; que ses granges sont saines et parfaitement purgées de Charançons; qu'il peut résulter le plus grand bien de cette méthode; c'est pourquoi elle a délivré le présent pour rendre hommage à la vérité.

Signé la MARQUISE DE NAGU.

Je soussigné, directeur de la ferme royale de Rambouillet, certifie que M. CHENEST, naturaliste de Paris, aurait, au mois de juillet dernier, fait faire l'application de ses procédés pour la conservation des céréales, dont le but spécial a été de prévenir la reproduction des insectes qui dévorent les blés ; il résulte de ses expériences les plus heureux résultats ; que les grains, au sortir du battage, sont sains et paraissent exempts du Charançon, et que, d'après l'examen fait, je n'ai pu apercevoir aucun insecte, que s'il se trouve de la Calandre dans les trois greniers qu'il avait assainis, il est en effet juste et raisonnable d'attribuer son invasion au voisinage des vieux blés qu'on avait mis en réserve dans des greniers qu'il n'avait pas assainis. Il conviendrait donc de répéter ses opérations, afin de purger les localités de la ferme de la contagion de cet insecte destructeur. En foi de quoi j'ai délivré le présent pour servir ce que de droit.

Fait à Rambouillet, ce 1er juin 1822.

Signé baron TRANNOY-WATTEAU.

Le conseiller d'arrondissement délégué pour remplir les fonctions du Sous-Préfet,

DELORME.

MAISON DU ROI.

ÉTABLISSEMENT ROYAL ET RURAL DE RAMBOUILLET.

L'an mil huit cent vingt-quatre, le 9 octobre,

Nous, membres, soussignés, de la Société d'Agriculture de Rambouillet,

Certifions que, sur l'invitation de M. le sous-préfet, nous nous sommes réunis au lieu de nos séances, pour avoir connaissance d'une découverte faite par le sieur **CHENEST**, naturaliste de Paris, et dont le but spécial est la conservation de nos richesses territoriales;

Que cette découverte a été approuvée par la Société royale et centrale d'Agriculture, d'après le rapport de ses commissaires qui ont suivi les expériences dans les départements, durant plusieurs années;

Que l'auteur voyageant avec tous les objets utiles à son entreprise, il se trouva le 7 mai au sein de l'assemblée convoquée *ad hoc* en 1820;

Que ce fut en présence de M. le magistrat qu'il donna connaissance de ses prospectus qui furent distribués par M. le sous-préfet, et du prix par lequel il pouvait opérer ce bienfait pour nos moissons, prix qui ne fut point trouvé exorbitant. M. Bourgeois, directeur de la ferme du roi, l'engagea de commencer ses opérations dans l'établissement rural et royal de Rambouillet;

Qu'il résulte, d'après divers procès-verbaux faits par les directeurs de la ferme royale, que les opérations de M. CHENEST ont produit tout l'effet désirable;

Que les blés sont très sains et paraissent exempts du Charançon-Calandre; qu'examen fait des grains, les directeurs n'ont pu apercevoir d'insectes dans les endroits où les opérations ont été pratiquées.

En foi de quoi nous avons délivré le présent, pour rendre hommage à la vérité.

Signé **FOURNEAUX**, jardinier du roi, **GOUET**, vétérinaire; **BOURDON**, conservateur des eaux et forêts; **LE MAROIS**, receveur; **DARRE-DUPUITS**, secrétaire-adjoint.

Plus bas est écrit: *Voir le certificat que j'ai délivré à M. CHENEST, page 60 de son traité ayant pour titre* : HISTOIRE NATURELLE DU CHARANÇON.

Au dos est encore écrit: *Pour légalisation des signatures*, *signé* le sous-préfet **AMÉDÉE VÉRUCHETTE**.

Et le sceau apposé le 6 décembre 1824.

Nous PIERRE-CHARLES-AUGUSTE GOUJON, Marquis de Gasville, Maréchal des Camps et Armées du Roi, Commandeur de l'Ordre royal et militaire de Saint-Louis, Maire de la commune d'Yville-sur-Seine, arrondissement de Rouen, département de la Seine-Inférieure, soussigné,

Certifions à qui il appartiendra que M. CHENEST, Conservateur des blés de l'Etat (1), s'est transporté dans notre commune, cette année, au mois de mars dernier; que, depuis cette époque jusqu'à ce jour, il a, par une nouvelle découverte qu'il a faite, opéré sur les arbres fruitiers la destruction complète d'un insecte contagieux nommé Puceron lanigère, qui détruit et attaque tous les arbres fruitiers, plus particulièrement les pommiers; qu'il est à notre connaissance que plus de quinze cents arbres fruitiers ont été entièrement purgés et délivrés de cet insecte désastreux dans cette commune;

Qu'il résulte des certificats délivrés à M. CHENEST, par MM. les Maires d'Anneville, Berville, Mesnil-sous-Jumiége, qui nous ont été représentés, qu'il a obtenu dans lesdites communes les résultats les plus satisfaisants.

Nous attestons en outre que, il y a environ cinq ans, ce naturaliste avait aussi, par un procédé merveilleux, délivré les blés dans un grand nombre de fermes, et même dans les greniers de notre château, du Charançon qui dévorait tous ces blés.

En foi de quoi nous avons délivré le présent à l'Auteur de cette découverte, approuvée par l'État, pour servir et valoir ce que de droit et raison.

A la mairie d'Yville-sur-Seine, le 9 août 1826.

Ce rapport est déposé à la préfecture de l'Eure.

Le Maire d'Yville-sur-Seine,
Signé le marquis DE GASVILLE.

Je soussigné, régisseur de la terre d'Yville-sur-Seine, département de la Seine-Inférieure, déclare et atteste que le sieur Pierre-Noël CHENEST, naturaliste de Paris, et por-

(1) Lettre du Ministre de l'Intérieur, du 6 mai 1819.

teur d'une autorisation *ad hoc* du gouvernement, à l'effet de garantir les blés du Charançon, a fait, tant sur les greniers du château d'Yville que sur ceux de tous les fermiers de M. le Marquis de Gasville, l'application de son procédé, et qu'il est parvenu à détruire radicalement cet insecte; j'atteste, en outre, qu'en l'année mil huit cent vingt-six, il a entièrement détruit le Puceron lanigère qui infectait environ trois mille pieds d'arbres pommiers, sur ladite terre d'Yville; et qu'examen fait cette année mil huit cent vingt-sept, du résultat de ses opérations, je n'ai pu reconnaître l'existence d'aucun arbre souffrant, ou endommagé par cet insecte, excepté sur cinq à six, où la destruction a été opérée de suite en ma présence.

En foi de ce, j'ai délivré la présente attestation, pour servir et valoir ce que de droit; à Yville-sur-Seine, le quatre juillet mil huit cent vingt-sept,

BOÉ.

Pour légalisation de la signature de Monsieur Boé, ce quatre juillet mil huit cent vingt-sept :

L'Adjoint délégué de Monsieur le Maire, absent,

PHULIN.

FIN.

www.ingramcontent.com/pod-product-compliance
Ingram Content Group UK Ltd.
Pitfield, Milton Keynes, MK11 3LW, UK
UKHW021645260726
13994UKWH00003B/1282

9 782329 38317